XIAO AIYINSITAN
小爱因斯坦
SHENQI XINGQIU
DA BAIKE
神奇星球大百科

FEIFAN DE
JIANZHU HE JIAOTONG GONGJU
非凡的建筑和交通工具

（英）North Parade 出版社◎编著 　　李雪薇　张　硕◎译

云南出版集团　晨光出版社

目录

巨型建筑

地球上所有的建筑、雕像、堤坝、隧道还有桥梁都是人类伟大文明的核心组成部分。其中有一些巨型建筑已经有了几个世纪的历史，还有很大一部分建筑是近些年才被列入到我们的景观之中。纵观整个人类历史，为了让自己存在的痕迹能够留存几个世纪甚至几千年，历代的人类不断地在塑造他们生存环境的过程中建造了更大、更高的雄伟建筑。

跨越时代的工程

古时候的建筑工人和工程师发明了独特且具有创意的方法来把建筑材料运输到建筑工地。当我们把他们身边能够利用的有限的技术因素都考虑进来的话，会发现他们的设计能力和建设能力，甚至是建造一些很简单的建筑的能力都是让人难以置信的。如今，他们建造的大部分建筑被视为是世界上最优美且最富有标志性的建筑。

古希腊人建造了帕特农神庙。他们所采用的创新建造方法在当时非常先进。

古代技术

有史以来，人类已经发明了很多不同种类的建造技术，用来构造符合时代和社会需求的建筑。就拿罗马下水道和巴比伦空中花园举例来说，它们很好地体现了对工程学细致的理解和用来克服地理障碍的方法。希腊历史学家斯特拉波详细地写出了空中花园是怎样灌溉的。因为巴比伦降水量很少，不得不用幼发拉底河的河水来给花园灌溉。斯特拉波描写了系在链泵上的水桶里面的水是如何运往花园的。推动紧连着链泵的齿轮，把水运到花园顶部的蓄水池，开启闸门后水将会流入人工渠。

神奇的罗马人

罗马人可以说是建筑业的伟大先驱。除建造了壮观建筑之外，他们还建造了大量的地上和地下引水渠，既可以用来运输可供饮用和洗澡用的新鲜水源，也可以用来做排污的排水渠。引水渠（在拉丁文中意思是"排水沟"）通常是用火山灰把石头、砖块粘合构成，将水从很远的地方运输过来，为这里的公共喷泉、澡堂，甚至是私人住宅提供水源。设计管道的工程师很好地展现了对重力的理解，确保水能持续流动。如果管道太过陡峭，水的流速就会过快，会冲坏水渠表面。如果水流速过慢，那么水就会淤塞而导致无法饮用。罗马人修建的引水渠遍布了整个帝国。如今，像这样的水渠在保加利亚、克罗地亚、法国、德国、希腊和一些以前作为罗马殖民地的国家依旧能够看到。

古罗马人是最伟大的工程师，他们建造了公路、隧道，还有桥梁。

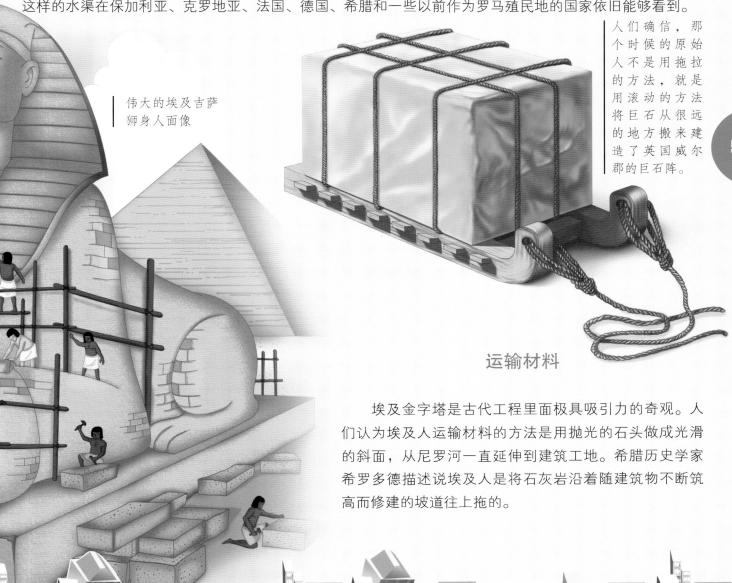

伟大的埃及吉萨狮身人面像

人们确信，那个时候的原始人不是用拖拉的方法，就是用滚动的方法将巨石从很远的地方搬来建造了英国威尔郡的巨石阵。

运输材料

埃及金字塔是古代工程里面极具吸引力的奇观。人们认为埃及人运输材料的方法是用抛光的石头做成光滑的斜面，从尼罗河一直延伸到建筑工地。希腊历史学家希罗多德描述说埃及人是将石灰岩沿着随建筑物不断筑高而修建的坡道往上拖的。

古石奇观

现存的21座方尖碑，罗马就有13座。

埃及方尖碑

方尖碑是一块单独直立的石头，有时也被称为独块巨石。这些方尖碑是由古埃及法老下令筑成，其中一部分宏伟华丽的方尖碑在罗马人占领时期被迁移到现在的意大利。在现存的21座方尖碑中，有13座在罗马。罗马圣乔凡尼广场的拉特兰方尖碑是世界上最大的方尖碑，它是在图特摩斯三世统治时期用一块独立的巨石开始建造，并于其子图特摩斯四世统治的时期竣工的。方尖碑通常一造就是一对，但拉特兰方尖碑却是矗立在卡纳克神庙的唯一一座单独的方尖碑。

埃夫伯里环形石阵是世界上最大也是最古老的环形石阵。

埃夫伯里

埃夫伯里是世界上最大最古老的环形石阵发源地。这个地区被一个巨型河岸沟渠所包围，里面是由至少98块巨石所构成的主要环形石阵。里面还有两个更小的内部石圈：北部的石圈是由27块石头组成的，南部石圈的是由29块石头组成的。这些石头所代表的含义以及建造这些石阵最初的目的到现在还是一个谜。

吉萨金字塔

吉萨金字塔中最大的一座被认为是为法老胡夫所建造的一个墓穴，它保持了近4000年的世界上最高的建筑物的纪录。在古代七大奇迹中，吉萨金字塔是唯一至今还屹立不倒的建筑，另外两座金字塔分别是以胡夫的儿子哈夫拉以及他的孙子孟卡拉命名的。拥有人类的脑袋和狮子身体的狮身人面像则位于大金字塔的南部。

像巨石阵一样，也有一些关于埃夫伯里环形石阵的民间传说。有人说这些环形石阵是外星人建造的。有些人认为埃夫伯里的石阵与在火星发现的塞多尼亚的石阵有些相似，甚至是以同样的方式排列的。

知识小百科

吉萨金字塔
建造时间：公元前2575年~公元前2566年
石块数量：约230万块
高度：原始高度约147米
狮身人面像
长度：73米
高度：20米

吉萨金字塔是世界上最高的建筑，这一纪录保持了3800多年。

拉斯维加斯狮身人面像

仿照大金字塔当中的吉萨金字塔的模式，美国在拉斯维加斯设计并建造了卢克索酒店。这座30层楼的酒店拥有超过4000间的房间，通体被黑玻璃所覆盖。金字塔顶端安装了据说是全世界最亮的聚光灯。守护这座极具现代化艺术建筑的是一座狮身人面像，这座狮身人面像要比埃及原始的那座狮身人面像几乎大了两倍。这座金字塔以再现埃及法老图坦卡蒙的墓穴为特色。这间酒店于1991年开始建造，1993年10月15日开业。

拉斯维加斯卢克索酒店外的狮身人面像。

中国万里长城

中国长城的修筑花费了超过两个世纪的时间。长城原始的结构是三个独立的长城，其目的是为了保护燕、赵、秦三国不受外敌入侵。秦朝的始皇帝，也是中国的第一位皇帝将这些独立的长城连接到一起，目的是为了保护自己的国家不受匈奴人的袭扰。再后来的几个朝代又相继重建长城。今天我们所看到的长城是明代所建筑的。

知识小百科

现代长城修建时间：14~16世纪
长度：6700千米
参与修建长城的朝代：秦朝、汉朝、明朝以及其他短暂存在的朝代
平均高度：7~8米（23~26英尺）

我们今天所看到的长城，大部分是明朝修建的。

巴比伦空中花园

据说巴比伦国王尼布甲尼撒二世为他那因思念故乡米提亚帝国的青山而患了思乡病的妻子艾米提丝建造了空中花园。为了取悦他的妻子，国王下令建设了赫赫有名的阶梯式花园，上面有各种各样的树、灌木丛，还有藤本植物。尽管在故事中空中花园被描写得很浪漫，但现在的历史学家则认为根本就没有什么空中花园，这种东西只是存在于像斯特拉波这样的知识分子的想象中罢了。

知识小百科

建造人：尼布甲尼撒二世
建造时间：大约在公元前605年
高度：据说超过25米高
长度：122米（根据希腊历史学家斯库鲁斯所记载）
宽度：122米（根据希腊历史学家斯库鲁斯所记载）
建筑材料：砖块、沥青、石板、铅板

传说中的巴比伦空中花园

知识小百科

著名的罗马水道
大概长度：
维尔戈水道：21千米
（13英里）
克劳迪亚水道：70千
米（43英里）
玛西亚水道：91千米
（57英里）
新阿尼奥水道：87千
米（54英里）
阿皮亚水道：16千米
（10英里）

关于长城的一个传说是和一位叫做孟姜女的年轻女子有关，她的丈夫范喜良被皇帝派来的官员抓去修建长城。当孟姜女到长城之后，得知了丈夫的死讯，心里非常悲痛，便放声大哭起来，以至于长城的很大一部分被孟姜女哭倒了。

法国的古罗马水道

罗马水道

　　古时候的罗马水道是从很远的地方将水运输过来，运输距离甚至一度超过了90千米。水源是从像高山喷泉这样高海拔的地方通过地下管道输送到城市中。在地平面倾斜的地方都要建造墙壁或者拱桥以便能够保持水位和水压。当水被运输到城市之后会被储存在一个圆形的蓄水池中，这些水会通过一个小型的管道网络或者圆形水池被分配到公共喷泉或者是澡堂。

加利福尼亚水道

　　现在世界上还有一部分国家依旧在使用引水渠，部分原始的罗马水道仍旧被人们所利用。其中有一个著名的例子就是加利福尼亚现代水道，一部分水从萨克拉门托河三角洲流到里弗赛德县的佩里斯湖，另一部分则流入安杰利斯国家森林公园的卡斯泰克湖。尽管古罗马水道比加利福尼亚水道更美，但这条444英里长的加利福尼亚水道却是世界上最长的水道。

加利福尼亚水道平均宽度为12米，深度为9米。

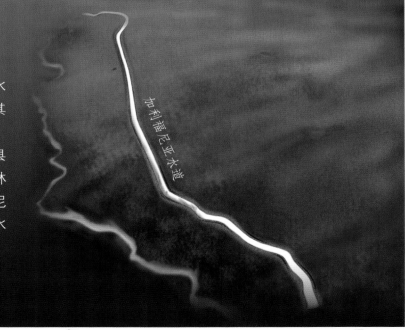

加利福尼亚水道

巨型建筑遗址

金字形神塔

　　金字形神塔是位于美索不达米亚山谷和伊朗高原西部的巨型建筑。这些阶梯式的金字塔顶上都有一座神殿，人们认为这些神殿可以使人们从身体上及精神上与神更接近。现存最著名的金字形神塔是乌尔金字形神塔。乌尔金字形神塔建于早期青铜时代（公元前21世纪），是为了向月神"辛"表示敬意而建造的。

知识小百科

位置：纳西里耶，在今日的伊拉克，济加尔省（以前的乌尔城）。
建造人：乌尔纳姆国王
建造时间：大约在公元前21世纪
高度：30米（地基完好情况下的估值）

这是在墨西哥尤卡坦半岛，奇琴伊察的一座金字形神塔。

亚历山大港灯塔

　　在古代七大奇迹中，只有亚历山大港灯塔是为了实际用途而建造的。因这座灯塔建立在法洛斯岛上，故偶尔也被称为"亚历山大法洛斯灯塔"。这座灯塔是在公元前三世纪的时候由埃及的统治者托勒密一世索特下令修建的。这座灯塔花费了12年的时间建造，并在托勒密一世的儿子托勒密二世费拉德尔甫斯统治时期竣工。亚历山大灯塔是工程学里一项了不起的成就，并且被视为是其他所有灯塔所遵循的范本。

知识小百科

建造人：由托勒密一世索特建造，托勒密二世费拉德尔甫斯完成。
建造时间：大约在公元前280年
建筑师：尼多斯的索斯特拉特
大致高度：134米
在公元956年、1303年和1323年的地震中被摧毁

罗德岛太阳神雕像

　　罗德岛太阳神雕像是古希腊太阳神赫利俄斯的巨型雕像。塞浦路斯统治者的儿子德米特里一世在公元前305年没能够顺利攻占罗德岛城。罗德岛人为了庆祝罗德岛战役这一伟大胜利，兴建了这座太阳神赫利俄斯的巨像。

　　在被公元前226年的那场地震毁坏前，这座巨型雕像曾以超过30米的高度一度成为古代世界中的最高雕像。在它被损毁了几千年之后，这个象征着自由和团结的非凡雕像却对另一个建筑产生了极大的影响——自由女神像。自由女神像完成于1886年，传承了罗德岛太阳神雕像的惊人之处。虽然罗德岛太阳神雕像仅仅矗立了56年就被摧毁了，但它却是从不曾被遗忘的古代奇观。

罗德岛太阳神雕像屹立并镇守在古希腊城市的港口长达56年的时间。

修建罗德岛太阳神雕像的费用是通过变卖了进攻军队围攻罗德岛城后所遗留下来的一些军事装备所筹得的。雕像被毁后，残余部分在地面遗留了800年。最终由于阿拉伯军队的入侵，雕像从此便消失无踪。

知识小百科

位置：位于现在希腊罗德城的曼兹拉基港
建筑师：林多斯的查尔斯
建造时间：12年之久
建筑材料：铁、青铜、大理石底座
高度：超过32米
底座高度：15米

11

知识小百科

位置：法国巴黎
高度：324米
竣工时间：1889年

埃菲尔铁塔

　　为庆祝法国大革命胜利100周年，著名建筑师、结构工程师古斯塔夫·埃菲尔建造了埃菲尔铁塔。埃菲尔铁塔最开始的设计寿命只有20年。如今，埃菲尔铁塔被全世界的人们所熟知，同时也被视为法国的一个标志性建筑，自1889年开放以来，累计已有2亿5000万的游客前来参观。

现代巨型建筑

在古时候，人们就已经在探索如何塑造景观的方法，并将这些景观留在世界的各个角落供后代们敬仰和膜拜。相比古人，我们能够造出更多宏伟的建筑，不管是摩天大楼或堤坝，还是隧道或者桥梁。在现代科技力量的有力支持下，建造过程比古时候更加容易。起重机、挖掘机和推土机也使我们登上建筑领域的新高度成为可能。

风格的提升

尽管"摩天大楼"一词相对来说比较新颖，但是建造这种高大的建筑物已经有大概几百年的历史了。随着时光的流逝，现代世界中，有100层楼高的摩天大楼取代了城堡高塔、金字塔、灯塔，以及大教堂的扶壁在建筑史上的地位。18世纪的工业革命见证了钢铁这样的新式建筑材料的运用。大多数的摩天大楼采用的都是更加坚固的钢筋混凝土结构，同时，这种结构又具备材质轻盈的特点。

拱形桥

最初的摩天大楼的建造非常危险。如今，像起重机这样的机器投入使用，使整个建造过程更安全、更容易。

桁架桥

桥梁

最早的桥梁是由几块木板简单地搭建而成。现如今的桥梁，结构非常复杂，跨度能够达到几百米长。世界上各种各样的桥梁都有其独特的外表和特殊的作用。比如说，梁桥就是一种简单的桥梁结构，两边分别有一根柱子作为支撑。而桁架桥则是由三角形的直钢筋构成的。拱桥的半圆形结构使其非常坚固——罗马人建造的石拱桥经受住了时间的考验，时至今日依旧能够看到。现代拱桥主要由钢或混凝土制成。吊桥的设计让在高塔之间悬挂着的坚固的钢缆为公路提供了强有力的支撑。

吊桥

隧道

最初，隧道被当作秘密通道使用。在罗马，隧道被用来远距离输送水。而现在的隧道既节省了空间，又为人们的交通出行提供了更多选择。隧道施工的基本要素包括挖土，以及用坚固材料来砌隧道。水下隧道修建起来十分困难。工程师必须要在挖隧道时施加压力防止洪水发生。今天，在陆地上建造隧道要比在水下建隧道更为普遍。

在挖隧道时，工程师必须确保所在区域能够有效防止坍塌的情况发生。

堤坝

像许多其他建筑一样，水坝已经成为我们生活中不可或缺的一部分。这些大型而又实用的建筑不仅可以防洪，还可以蓄水作为灌溉水源，同时还能够用来发电。拱坝通常建在较为狭窄，且岩石较为丰富的地区。它们的曲线形状迫使水压作用于拱，随着水逐渐深入到堤坝底部，堤坝的坚固程度也会加强。扶壁式堤坝由加强型钢筋混凝土和一系列支撑物构成。由土石建成的土石坝显得相对笨重。这些堤坝拥有一个核心防水层，目的是为了防止水进入到堤坝里面，大坝本身的重量就能起到抗水压的作用。像这种大型的，利用自身的重量来支撑水体压力的堤坝被称之为"重力式堤坝"。它们是由数百万吨的混凝土制成的，因此建造起来非常昂贵。

水坝一定要非常坚固，这样才能承受湍急的水流所带来的水压。

高楼建筑

哈利法塔

这座特别的建筑其高度看上去似乎违背了物理学法则。这座高大的超级建筑由一个大的钢筋混凝土支柱底板支撑，相应地，混凝土支柱底板由钢筋混凝土桩支撑。哈利法塔内有1000多件艺术品，已经成为了迪拜的一个文化中心点，同时也多次作为烟火展地点。哈利法塔目前甚至还有进一步加高的计划。

位于地震多发区的台北101可以说能够经受得住最强烈的震动。

台北101

台北金融中心，俗称"台北101"，在2010年以前，台北101是世界第一大高楼，高101层楼。但这并不意味着要花上很长的时间才能到塔楼的顶部，这项伟大的工程拥有号称世界上最快的电梯——其移动速度能够达到60千米/小时，仅仅需要约40秒钟的时间就能够到达建筑的最顶层。台北101设计的初衷是为了抵御在这片区域时常发生的地震，同时，台北也是目前为止拥有全球最大的风阻尼器的一个城市。这个重达660吨的巨大钢球，挂置在87至92楼的位置，在强风来临时通过钢球的摆动来减缓建筑物的晃动幅度。

14

吉隆坡双子塔在1999年由肖恩·康纳利、凯瑟琳·泽塔-琼斯主演的的电影《偷天陷阱》中起到了重要作用。

吉隆坡双子塔

吉隆坡双子塔曾经是世界最高的摩天大楼，直到被台北101所超越。台北101以56米的压倒性优势超过了双子塔。双子塔的几何设计灵感来自于传统的伊斯兰图案。设计方案是一个八角星，在内角里有许多圆弧。图案象征着团结、和谐、坚定。每一座塔都有88层楼高，总计有超过30000面窗户。这项伟大建筑的另一个特色则是用于连接两座大楼长58米的双层人行天桥。

知识小百科

位置：马来西亚，吉隆坡
高度：452米
建筑师：西萨·佩里以及他的同事
开工时间：1993年
正式开放：1999年8月28日

"蜘蛛侠"阿兰·罗伯特——一个来自法国的攀岩爱好者，有着一项独特的职业：那就是攀登摩天大楼！这个现实生活中的"蜘蛛侠"在没有任何安全措施保护的情况下，赤手空拳地攀登了像西尔斯大厦这一类高大的建筑。八年的时间里，阿兰已经征服了70多座摩天大楼和著名建筑！

重建计划除了建造自由塔以外，还包括新建四个写字楼。

世界贸易中心一号楼

纽约著名的世贸双子塔在2011年的911恐怖袭击中被摧毁。后来为纪念原有的世贸中心一号楼，新改建的纽约世贸中心一号大楼（原称：自由塔）于2014年完成。这座优美的建筑高541.4米（1776英尺）其中包括84米（276英尺）长的塔尖在内。1776英尺的建造高度是为了纪念美国宣告从英国独立。大楼的设计方案是由柏林的建筑师丹尼尔·李布斯金所提出的。重建计划除了建造自由塔以外，还包括新建四个写字楼和一个911事件遇难者纪念馆。2009年，自由塔更名为世界贸易中心一号大楼。

15

了解更多的摩天大楼

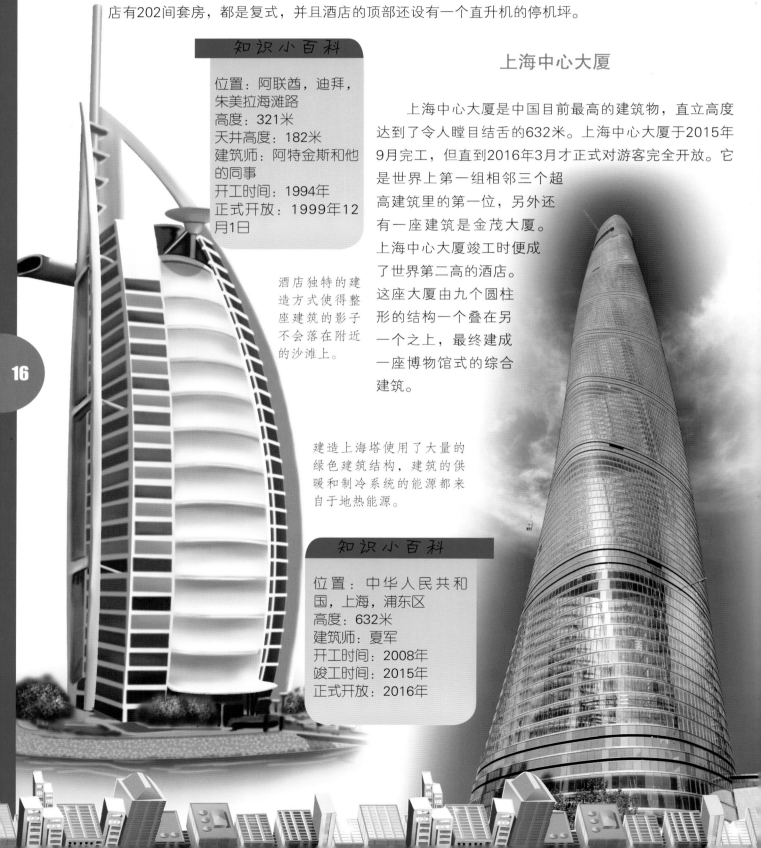

迪拜帆船酒店

迪拜帆船酒店是世界上最高的酒店建筑，这座建筑专门被用作酒店使用。让这座酒店变的与众不同的可不仅仅是这一处。位于阿联酋的迪拜帆船酒店建在离海岸线280米远的波斯湾内的人工岛上。酒店外形酷似船帆，并且酒店独特的建造方式也使得整座建筑的影子不会落在附近的沙滩上。这座拥有60层楼的酒店有202间套房，都是复式，并且酒店的顶部还设有一个直升机的停机坪。

知识小百科

位置：阿联酋，迪拜，朱美拉海滩路
高度：321米
天井高度：182米
建筑师：阿特金斯和他的同事
开工时间：1994年
正式开放：1999年12月1日

酒店独特的建造方式使得整座建筑的影子不会落在附近的沙滩上。

上海中心大厦

上海中心大厦是中国目前最高的建筑物，直立高度达到了令人瞠目结舌的632米。上海中心大厦于2015年9月完工，但直到2016年3月才正式对游客完全开放。它是世界上第一组相邻三个超高建筑里的第一位，另外还有一座建筑是金茂大厦。上海中心大厦竣工时便成了世界第二高的酒店。这座大厦由九个圆柱形的结构一个叠在另一个之上，最终建成一座博物馆式的综合建筑。

建造上海塔使用了大量的绿色建筑结构，建筑的供暖和制冷系统的能源都来自于地热能源。

知识小百科

位置：中华人民共和国，上海，浦东区
高度：632米
建筑师：夏军
开工时间：2008年
竣工时间：2015年
正式开放：2016年

16

位置：美国，纽约，曼哈顿

高度：381米

建筑师：施里夫、兰姆和哈蒙等

开工时间：1930年

正式开放：1931年5月1日

1931年5月1日，帝国大厦正式落成，并为此举行了传统的剪彩仪式，紧接着点亮了大厦的灯光。然而受邀点亮大厦灯光的胡佛总统并没有亲临纽约参加此次盛会。胡佛在华盛顿特区的家中，只按下了一个按钮，就使200英里以外的建筑照明系统瞬间启动！

帝国大厦一年会遭遇上百次雷电的袭扰，不过幸运的是，帝国大厦顶部的避雷针设计能有效抵御雷电的袭击。

帝国大厦

在世界贸易中心建成之前，帝国大厦是纽约最高的建筑。美国人用创历史纪录的时间完成了帝国大厦的建造，它超越克莱斯勒大厦成为世界最高的建筑。帝国大厦被认为是现代世界的七大奇迹之一，在它最高的几层设有几家电视广播站。

东京晴空塔的主要用途是用来传输地面数字广播信号。

东京晴空塔（东京天空树）

634米高的东京晴空塔是目前世界上最高的自立式电波塔。超过了只在世界高塔榜首待了两年的广州塔。东京晴空塔采用了以传统和现代手法相结合的设计理念，也是日本现有文化和历史的一个真实写照。

超级隧道

欧洲隧道包含了两条在英吉利海峡下面的主要铁路隧道。

欧洲隧道

尝试在英、法两国之间建立固定通道的想法，可以追溯到1880年。然而，当时的英国首相威廉·格莱斯通以国家安全为由摒弃了建立隧道的想法。他认为修建隧道会让法国更加容易渗透到英国本土为其军事入侵提供有利条件。许多年以后，修建隧道的想法被重新提上日程并以欧洲隧道的形式呈现在我们面前。欧洲隧道是世界上最长的铁路隧道，其中包括英吉利海峡下面两条主要的铁路隧道和中间的一条服务隧道。

知识小百科

连接着英国肯特州的切里顿与法国北部的桑加特
总长度：50千米（30英里）
水下长度：39千米（24英里）
开工时间：1988年
竣工时间：1994年

青函隧道

青函隧道的始建源于一次悲剧的发生。在青函隧道建成之前，日本人只能依靠渡轮的方式通过津轻海峡。灾难发生在1954年，5艘青函渡船在台风中沉没，致使1430名乘客不幸遇难。最终，当地政府决定寻找一些其他安全可行的办法。受恶劣天气影响，修建桥梁的办法也是相当冒险的。最后，工程师提出了水下隧道的建议。青函隧道的修建工程十分艰难，建造过程中，有34位工人不幸遇难。海峡下面的火山岩结构极其不稳定，因此不能够使用隧道挖掘机来挖掘隧道。工人们不得不采用爆破岩石的方法来替代挖掘机。

知识小百科

青函隧道
与日本的本州岛和北海道相连
总长度：53.8千米
水下长度：23.3千米
开工时间：1964年
竣工时间：1988年

洛达尔隧道里配备了特殊的照明设备，目的是为了让驾驶员保持清醒，防止事故发生。

世界上最深最长的铁路隧道在2016年的瑞士正式投入使用，超过了之前的纪录保持者——日本的青函隧道。圣哥达铁路历经20年建成，有瑞士人说，圣哥达隧道的建成会给欧洲的货运交通带来彻底的变革。

洛达尔隧道

世界最长的公路隧道——挪威的洛达尔隧道，横跨斯堪的纳维亚半岛。这条隧道同时为卑尔根和奥斯陆这两座城市的人们提供了一条安全的捷径从而代替了之前狭长的山路。洛达尔隧道被视为是世界上最安全的隧道之一。其中的一大特色便是它的三个大山洞（也可以称之为"大厅"）一样的地方，其设计是为了在前方发生火灾而无路可走时，所有的汽车能够掉头回来。同时这里也安装了危险预警系统。

知识小百科

洛达尔隧道
连接了挪威西部的洛达尔和艾于兰
总长度：24.5千米
开工时间：1995年
竣工时间：2000年
正式通车：2000年11月27日

泰晤士河隧道

泰晤士河隧道是世界上第一条水下隧道，于1825年竣工。在此之前，人们尝试了各种方法想要在泰晤士河下挖建隧道，不过都遗憾地以失败告终。转折点发生在1823年，法国的工程师——马克·布律内尔发明了盾构技术，盾构技术也标志着隧道技术领域里的一大革命性的进步。最后，工人们能够挖开这些软土或者泥浆来保证隧道的稳定性。他们用混凝土、生铁，或者钢铁来修筑隧道两旁。实际上，在挖掘隧道的过程中，盾形结构起到的只不过是一个暂时支撑隧道的作用。

在布律内尔提出了独创性想法的二十年之后，世界第一条水下隧道于1843年完工。泰晤士河隧道一开始是为四轮马车设计的隧道，后来在1865年改为铁路隧道，并于1913年成为伦敦地下隧道的一部分。

泰晤士河隧道在一开始是为四轮马车设计的隧道，后来在1865年改为铁路隧道。

大型桥梁

知识小百科

连接了香港的青衣岛和马湾岛

开工时间：1992年5月

竣工时间：1997年5月

高度：206米

青马大桥

香港青马大桥所在位置横跨青衣岛及马湾岛,故取名为青马大桥。此桥是全球最长的行车铁路双用悬索式吊桥，大桥主跨长达到1377米，横跨马湾海峡。大桥上层拥有六条露天行车道，下层则有两条铁路轨道。香港青马大桥属于青屿干线的一部分，它连接了新界大屿山赤鱲角和香港国际机场。

青马大桥横跨青衣岛和马湾岛

知识小百科

连接了日本的神户和淡路岛

开工时间：1988年5月

竣工日期：1998年

主跨度：1991米

高度：283米

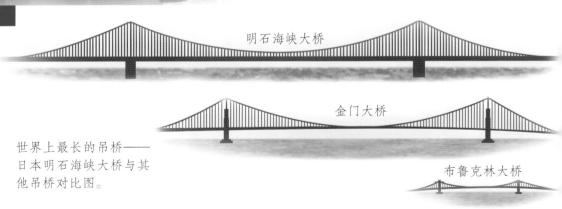

明石海峡大桥

金门大桥

布鲁克林大桥

世界上最长的吊桥——日本明石海峡大桥与其他吊桥对比图。

明石海峡大桥

明石海峡大桥是世界上主跨度最长的吊桥。最初曾计划建铁路公路双用桥，后来在1988年4月开工之后，官方决定为了限制大桥的宽度只设公路桥。

大桥有两个主墩，一开始的时候，大桥的主跨度为1990米，后来在1995年1月，日本坂神发生了地震，使得桥墩的位置发生了一些偏移，因此使桥的跨度增加了1米。明石海峡大桥采用两铰加劲桁梁式的设计方法。这样的设计使其能够抗强风，抗地震，抗洋流。

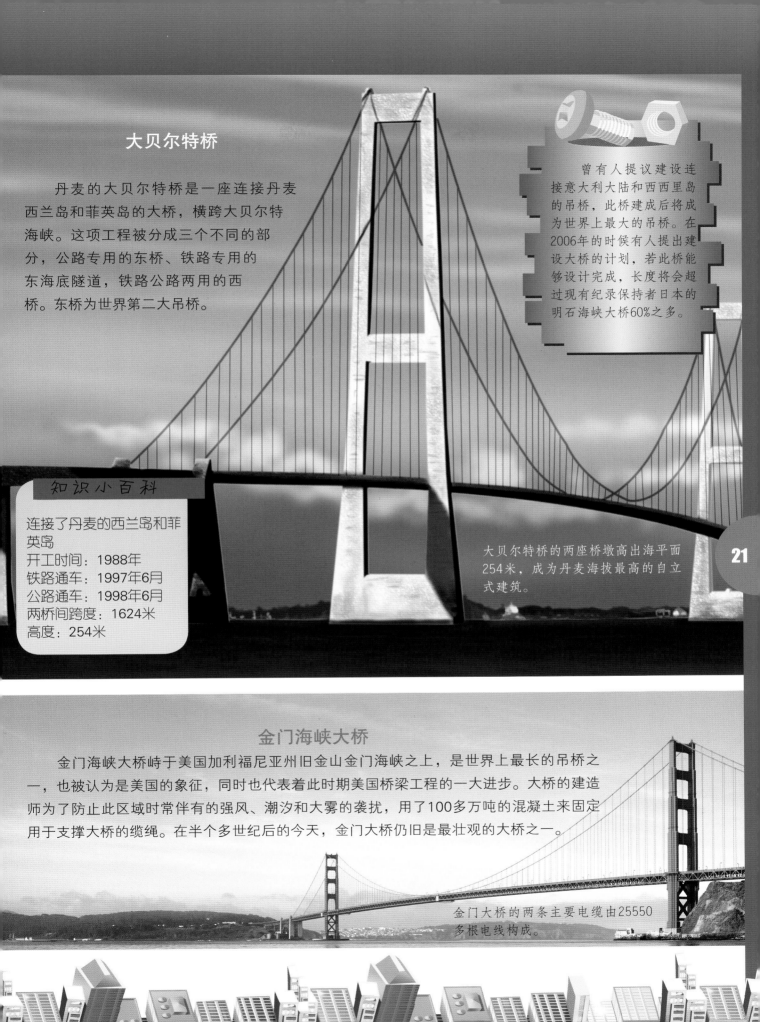

大贝尔特桥

丹麦的大贝尔特桥是一座连接丹麦西兰岛和菲英岛的大桥，横跨大贝尔特海峡。这项工程被分成三个不同的部分，公路专用的东桥、铁路专用的东海底隧道，铁路公路两用的西桥。东桥为世界第二大吊桥。

曾有人提议建设连接意大利大陆和西西里岛的吊桥，此桥建成后将成为世界上最大的吊桥。在2006年的时候有人提出建设大桥的计划，若此桥能够设计完成，长度将会超过现有纪录保持者日本的明石海峡大桥60%之多。

知识小百科

连接了丹麦的西兰岛和菲英岛
开工时间：1988年
铁路通车：1997年6月
公路通车：1998年6月
两桥间跨度：1624米
高度：254米

大贝尔特桥的两座桥墩高出海平面254米，成为丹麦海拔最高的自立式建筑。

金门海峡大桥

金门海峡大桥峙于美国加利福尼亚州旧金山金门海峡之上，是世界上最长的吊桥之一，也被认为是美国的象征，同时也代表着此时期美国桥梁工程的一大进步。大桥的建造师为了防止此区域时常伴有的强风、潮汐和大雾的袭扰，用了100多万吨的混凝土来固定用于支撑大桥的缆绳。在半个多世纪后的今天，金门大桥仍旧是最壮观的大桥之一。

金门大桥的两条主要电缆由25550多根电线构成。

了解更多的大型桥梁

庞恰特雷恩湖桥

庞恰特雷恩湖桥是世界上最长的水上大桥。庞恰特雷恩湖桥由两座平行桥梁组成，每一条桥梁长达38千米，连接了美国的曼德韦尔和路易斯安那的梅泰里。建造大桥采用的是预制混凝土，这些材料由船舶运往湖边的建筑工地，然后在工地上进行安装桥梁的工作。

庞恰特雷恩湖桥的桥面用9500个空心的混凝土桩作为支撑。

22

卢浦大桥

中国上海的卢浦大桥是继重庆的朝天门大桥之后，当今世界跨度第二长的钢结构拱桥。大桥由27个部分组成，穿越上海的黄浦江，连接了卢湾区和浦东新区。

经过卢浦大桥的车辆每天超过60000多辆。

悉尼大桥的拱架跨度为503米。

1932年，悉尼大桥第一次正式通车，每辆通过大桥的车辆需要交6便士的通行费，通过大桥的马匹需要交3便士通行费，因此只用了55年的时间就把建造大桥所用的成本收了回来。之后收取的所有通行费又用于桥梁的维修和保养中。

知识小百科

连接了澳大利亚悉尼的道斯角和米尔森角
开工时间：1928年12月
通车时间：1932年3月19日
拱架跨度：503米
桥宽：48.8米

23

悉尼海港大桥

悉尼海港大桥被当地居民亲切地称为"衣服架"，与人们所熟知的悉尼歌剧院隔海相望，成为悉尼的象征。这座世界上最大的（但不是最长的）钢结构拱桥，拥有火车道、汽车道、自行车道、人行道，穿过悉尼港，连接了悉尼中央商业区和悉尼北岸。

伦敦塔桥是世界上最大的结构最为复杂的桥梁（"bascule"一词源于法语的"see-saw"）。

塔　桥

19世纪的伦敦发展快速，跨越泰晤士河的车辆行人日益增多，使得伦敦桥压力过大，因此需要再新建一座桥。1876年，当地专门成立桥梁及地铁工程委员会来探讨这个过河的解决方案，最终决定建造伦敦塔桥。伦敦塔桥由贺拉斯·琼斯先生设计，这座大桥的设计缓解了交通压力，水流不断向伦敦码头最繁华的伦敦池方向流去。有船只通过大桥时，巨大桥身能向上折起。时至今日，伦敦塔桥仍可算得上是建筑工程的一大奇迹，也是伦敦的著名象征之一，算得上是世界上比较有名气的桥。

大型堤坝

胡佛大坝是一座混凝土重力式拱坝。

胡佛大坝

　　胡佛大坝，曾经也被称为是顽石大坝，是科罗拉多河的黑峡上的一座混凝土重力式拱坝，位于内华达州和亚利桑那州交界之处。施工时间是从1931年到1936年，这段时间美国正处于大萧条时期。胡佛大坝的建造是一项巨大的成就，上千名工人参与了施工，100多名工人为此失去了生命。大坝于1936年建成并投入使用。并以1929~1933年在任的美国总统赫伯特·胡佛的名字命名。

知识小百科

位置：位于美国内华达州和亚利桑那州交界之处
开工时间：1931年4月20日
完工时间：1936年3月1日
用途：水力发电、防洪、灌溉
蓄水池：米德湖
使用材料：混凝土
高度：221米
坝顶长度：379米

大古力水坝

　　大古力水坝是位于美国华盛顿州哥伦比亚河上的一座重力型水坝，是美国最大的发电设施，同时也是世界上最大的电力大坝之一。施工时间从1933年至1942年，电站初期工程建有第一厂房和第二厂房。二战期间，这座大坝为美国西北部快速发展的工业提供燃料能源，后来为满足日益增长的能源需求，在1974年又建立了三号厂房。

大古力水坝是世界上最大的混凝土结构水坝。

知识小百科

位置：美国华盛顿州的哥伦比亚河
开工时间：1933年12月
竣工时间：1941年
用途：水力发电、灌溉、防洪
水库：罗斯福湖
使用材料：混凝土
高度：168米
坝顶长度：1592米

每年夏天，尼罗河的河水泛滥到岸边，都会为其带来适合农业发展的黑土。1970年，阿斯旺水坝建成，其目的是为了控制每年的洪水，让农民得以全年都能种植庄稼。但不幸的是，这样一来，就使河岸边的土壤得不到丰富的营养补充。

伊泰普水电站有18个发电机组。

伊泰普水电站

伊泰普水电站是世界上建造成本最高的水电站之一。近40000名工人参与了施工。大坝建筑使用的钢材足够用来建造380座埃菲尔铁塔。建成之后的水电站使世界第七大河流的流向发生了改变，惊人地改变了50亿吨的土壤和岩石的位置。

三峡大坝

三峡大坝是一座横跨长江的水电站，位于中国湖北省三斗坪镇旁，就总装机容量（22500兆瓦）而言是世界上最大的能源站。三峡大坝2014年的发电量是988亿千瓦时，超越了伊泰普电站2013年的发电量，从而创下了新的世界纪录。但在2015年，伊泰普水电站又重新夺回了世界年发电量领头羊的位置。

除发电外，三峡大坝还能增加长江流域的航运能力，并且增大蓄洪空间，这样做的目的是为了削减下游的洪水流量。三峡工程被中国政府誉为是对中国工程、社会以及经济发展具有历史意义的一大成功典范。

三峡大坝贯穿了三座峡谷当中的两座。

马拉卡纳体育场

    该运动场是为1950年的巴西世界杯而兴建的，巴西当选为举办此次著名赛事的东道主，为了纪念这一伟大时刻，巴西建立了这座巨大的球场。马拉卡纳体育场也被视为是世界上最大的露天体育场之一，能够同时容纳近20万名观众。在20世纪90年代，马拉卡纳体育场引入了许多新型的安全保障设施，使得球场的容量有了一定缩减。球场的翻新工程包含重建球场的底部，以及球场顶棚的重建。这座球场于2013年6月2日以一场巴西与英格兰的友谊赛宣告重新对外开放，这场比赛最终以2:2的比分握手言和，当日吸引了79000名观众前来观战。

知识小百科

位置：巴西的里约热内卢
开工时间：1948年
第一场比赛启用时间：1950年6月16日
球场容量（预估）：200000名
上座率最高的一天：1950年7月16日，世界杯决赛，巴西vs乌拉圭，共计199854名观众。
现今容纳人数：共计7～8万名

1966年，马拉卡纳体育场被正式冠名为马里奥·费劳运动场，为纪念死去的记者马里奥·费劳。但大多数人现在依旧在使用球场原来的名字。

五一体育场

    五一体育场位于朝鲜首都平壤市绫罗岛上，竣工于1989年5月1日。就其球场容量而言，是目前世界最大的体育场馆。最初，五一体育场是为举办第十三届世界青年联欢会而兴建的。此球场能够容纳15万名观众。尽管这是举办体育赛事的场所，但同时也以年度大型团体操表演而闻名，每年都有十多万人参与大型的体操表演项目。

知识小百科

位置：位于朝鲜首都平壤市的大同江的绫罗岛上
开工时间：1986年
开放时间：1989年5月1日
体育场容量：共计容纳15万名观众

五一体育场的16个链接起来的半圆拱形屋顶就如同花朵上的花瓣一样。

温布利球场的拱门长度为315米，是世界上最长的单跨屋顶结构建筑。坐在温布利球场内可将整个伦敦城尽收眼底。

建造温布利球场耗资7.98亿英镑，温布利球场以拥有可移动顶棚和它标志性的134米高的弧顶构成而闻名。

温布利体育场

球王贝利曾表示，这座著名的足球场是"足球的教堂，温布利是足球的首都，足球的心脏"。1966年，英格兰队在温布利球场赢得了球队的第一次，也是唯一一次世界杯冠军。旧温布利球场于1923年4月开放使用，原先被人们称之为"帝国球场"。在七十七年后的2000年，旧温布利球场拆除，于2007年，被新温布利球场取而代之。拥有90000个座位的新温布利球场，是英国最大的足球场，欧洲第二大足球场。

知识小百科

位置：英国伦敦温布利路
开工时间（旧温布利）：
1923年
新温布利球场建成时间：
2007年
球场容量：90000人
顶棚长度：315米
弓形高度：133米
主场所有者：英格兰国家队（2007年至今）
托特纳姆热刺（足球俱乐部，2016~2017年）
2020年欧洲杯（2020年夏季）的主办地

罗马斗兽场

罗马的斗兽场是古代工程的一大伟业，除了有悠久的历史以外，它还与许多现代的体育场共享了同样的设计理念，同时也和现代的许多建筑有着相似之处。

即使在拥有许多巨型建筑的当今世界，罗马斗兽场也依旧使人印象深刻：一座象征着罗马帝国权势和残暴的丰碑，光荣而又让人感到痛心。在这几个世纪，残酷的罗马人在这里无情地杀害了上千余人和上千只动物，50000名观众观看了这一残酷的运动。

罗马斗兽场主要是作为角斗士的比赛场地。

大花蕾（Big bud）能以每小时8英里的速度行驶，每分钟可以开垦一英亩多的土地。

最大的拖拉机

大花蕾（Big bud）16V-747诞生于1977年，是应美国加利福尼亚州贝克思菲尔德棉花农场主罗西兄弟的特殊要求而制造的，由美国蒙大纳北方制造公司的职员罗恩·哈蒙设计制造。整个拖拉机的重量超过了45359千克，由八个轮子带动，每一个轮子高2.4米。

知识小百科

制造时间：1977年
这款拖拉机的建造数量：仅此一台
高度：4米
宽度：7米
长度：8米

知识小百科

建造时间：1998年
建造者：沃洛姆造船厂
所有者：皇家波斯卡利斯威斯敏斯特公司
原始长度：211米
改造后长度：230米

28

荷兰女王号挖泥船

"荷兰女王"号是一条自航耙吸式挖泥船，建造于1998年。2009年船身加长之后，它成了世界上最大、动力最强劲的挖泥船。因为此船只几次用于引人注目的海上救援和疏浚工作，导致人们对其享有的"世界上最大的浮动真空清洁机"这一美誉半信半疑。

一条自航耙吸式挖泥船正在去往鹿特丹港的路上。

小松D575A推土机

世界上最大、动力最强劲的推土机，能够推动217724千克的重物。小松D575A推土机能够轻松实现撕裂和搬运石块的工作，就像挖沙一样容易。由于机器的巨大尺寸，得用七八辆大卡车才能对它进行拆卸和运输。

小松D575A推土机是为了在短时间内进行大面积的场地清理工作。

世界上最大的地下仪器是为了研究人类已知的最小构造——原子核而发明的，大型强子对撞机是一种将质子加速对撞的高能物理设备。大型强子对撞机坐落于瑞士和法国的交界总长为27千米的环形隧道内。这台机器能够使科学家们将质子以很高的速度相互碰撞。人们希望这些实验能够让我们了解到，在大爆炸以后的第一时间都发生了些什么。

知识小百科

高度：4.9米
宽度：7.4米
长度：11.7米
重量：130000多千克

Big Muskie

Big Muskie——此型号和规格仅此一款。

Big Muskie曾是世界上最大的挖土机之一。这台巨型机器有12200多吨重，直立高度有22层楼那么高，有一对330英尺长的吊臂和容积为220立方码的铲斗。铲斗的尺寸差不多有能容纳12辆车的车库那么大。

1976年Big Muskie以每小时挖土8000立方的速度为俄亥俄中部煤炭公司工作，在其服务的22年里，也是在最初巴拿马运河建造的时候，这台机器为其挖走了2倍数量的土。

这台机器于1991年停用，Big Muskie后来因报废而被拆卸，只有其铲斗被保留了下来。

1978年，13500吨重的Bagger 288取代Big Muskie成为世界上陆地表面最大的机械。1995年又被比它稍重些的同系列的Bagger 293（14200吨）所取代。

空中巨人

暴风雪航天飞机计划被搁置了一段时间，安-255号运输机就暂时停止了使用。

安东诺夫安-255米莉亚运输机

"Mriya"在乌克兰语里的意思是"梦想"，但安东诺夫安-255米莉亚运输机绝不是凭空想象的。在20世纪80年代，这架战略空中货物运输机由苏联安东诺夫设计局研制。它靠6台涡扇发动机发动，是世界上最长同时也是最重的飞机，它的最大的载重量达到了640吨，并且它的翼展也是所有军事服务领域的飞机中最长的。

知识小百科

建造公司：乌克兰基辅的安东诺夫设计局
长度：84米
翼展：89米
发动机：6台
航速：800~850千米/时
第一次试飞：1988年12月21日
投入使用：1989年

知识小百科

建造公司：空中客车公司
长度：73米
翼展：80米
载客量：555~840名乘客
发动机数量：4台
航速：1014千米/时
第一次试飞：2005年4月
投入使用：2007年

A380超大型客机

空中客车A380，是世界上最大的客机，也是最先进的环保型空中客机之一。搭载百名乘客每千米的耗油量低至3.1升，飞机采用了噪音很小的发动机和许多超轻的零部件，A380客机能够搭载更多的乘客，就效率而言，也要比其他任何大型的商务客机要高。这种飞机有两只蓝鲸连起来那么长，有五只长颈鹿叠起来那么高。

A380空中巴士的制造者把它亲切地称作"优雅的空中绿巨人"，因为它比其他飞机更清洁、更环保、更安静、更美观。

米尔 米-26直升机

由米尔莫斯科直升机工厂制造，米-26直升机的高度大概有三层楼那么高。与A320空中客车的旋翼长度一致，这种大型的直升机一次能够运输约20吨重的货物，相当于11台家用车。米尔米-26直升机是世界上最大、动力最强劲的直升机，已经投入了持续生产。

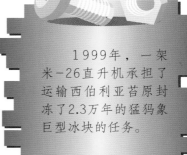

1999年，一架米-26直升机承担了运输西伯利亚苔原封冻了2.3万年的猛犸象巨型冰块的任务。

知识小百科

建造公司：米尔公司
长度：40米
高度：8.1米
发动机：两台
航速：255千米/时
首次试飞：1977年12月14日
投入使用：1983年

2015年俄罗斯直升机公司宣布：为了使米-26直升机更现代化，他们将努力挖掘这架飞机的潜力。

兴登堡号

这架245米长的兴登堡号飞艇是20世纪30年代德国建造的氢能源大型载客硬式飞艇。它同时也是这个公司所建造的最后一架这么大的飞艇，就其长度和体积而言，也是飞艇之最。兴登堡号在那时是非常具有革命性意义的发明。横跨大西洋只用了3天，比坐船旅行的速度还要快两倍。

1937年五月，飞艇旅行时代以悲剧告终。LZ129兴登堡号飞艇准备在新泽西州莱克赫斯特降落时，整个机身化作一团火球，随后爆炸坠落到地面。在飞艇上的100名乘客当中，有35位乘客在这次灾难中不幸身亡。

这件事已经过去很多年了，但这次灾难发生的原因至今无人知晓。在2013年，一个专家小组提出了这样一个观点：飞艇可能是受到了雷雨产生的静电所带来的干扰。很可能是固定钢缆断裂划破气囊，导致氢气外泄，流入到通风管道，当机组人员跑去将着陆绳抛到地面上的时候，这些绳子就充当了一个"接地线"的作用，于是便产生了火光。火光出现在了飞艇的尾部，点燃了泄漏的氢气，导致了这场致命的大爆炸。

按今天的标准，兴登堡号飞艇的尺寸，几乎是世界上尺寸最大的安-225运输机的三倍。

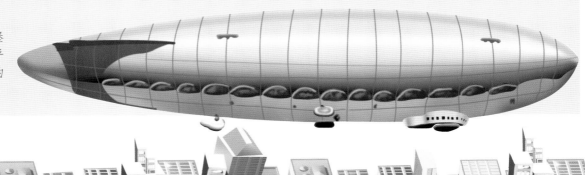

最长的汽车

世界上最长的汽车被称为"美国梦想号"。由美国加利福尼亚州伯班克市杰·奥尔伯格设计。这台长30.5米的豪华轿车拥有26个轮子，一个水流按摩浴缸，一块跳水板，一张特大号水床，车尾甚至还有直升机坪。2014年，纽约Autoseum汽车教学博物馆对外宣布他们获得了这辆车，这辆车被遗弃在新泽西的一个仓库里，需要马上进行维修。在维修的过程中，他们将用这辆车来教会这里的学生如何修理、制造和装配汽车。

知识小百科

计师：杰·奥尔伯格
长度：30.5米
汽车类型：豪华轿车
独有的特点：配备水床，带有跳板的泳池。

这台豪华轿车可以沿直线的方向行驶，在车的中间部位还配有转弯装置。

大脚赛车

美国圣路易斯的鲍勃·钱德勒酷爱制造怪兽卡车。1975年，圣路易斯密苏里地区之前的一位制造工人钱德勒用他家里的福特F-250四轮驱动汽车来制作他的第一台大脚赛车，1981年，他得到了当地一位农场主的许可，在他的农场里放了两辆报废的汽车，用大脚赛车碾压它们。他不仅改变了自己的生活和命运，而且也为摩托车运动带来了变革。怪兽卡车压碎赛成为世界上最受瞩目的运动项目。2012年，随着大脚兽20赛车的制作完成，可以说大脚兽团队在技术创新领域实现了一个巨大的飞跃。这也是世界上唯一一台电动型怪兽卡车。

大脚兽5是所有怪兽卡车当中最大的。

知识小百科

大脚兽20
完成时间：2012年
设计师：鲍勃·钱德勒
高度：4.7米
重量：17236千克
车型：福特F250
车轮：苔原燧石制成的铝制车轮毂
轮胎高度：3米

人们可以骑的最高的摩托车

人们可以骑的最高的摩托车有5.10米（从地面到最最上面的汽车把手测量），这辆摩托车由意大利的Fabio Reggiani制造。2012年3月24日，这辆摩托车在蒙特基奥艾米利亚行驶了100多米的路程。

世界上最长的公交车长31米，能够搭载256位乘客。

2012年在AutoTram Extra Grand号巴士德国的德累斯顿试行。

知识小百科

制造时间：2012年
设计师：Fabio Reggiani
高度：5.1米
重量：2498千克
轮胎高度：1.88米

世界上最长的摩托车

世界上最长的摩托车竟有22米长。事实上，是由125cc的小型摩托车改装而成的。制造这台摩托车花费了一个月时间，这辆改装后的摩托车可以搭载25个人。

科林·弗兹是为了再创下一个吉尼斯世界纪录而制造了这台摩托车，在此之前，他已经创下了一个记录——世界上速度最快的踏板摩托车，可以达到每小时71英里的时速。

为了创下世界纪录，他驾驶着这辆车在英格兰的Saltby机场沿着跑道行驶了一千米的距离，最高时速达到了35英里/小时。

科林·弗兹的摩托车也是世界上速度最快的踏板摩托车纪录保持者。

图片版权方：Ingram Image

海上巨人

大和号战舰在二战时期为日本帝国的海军发挥了相当大的作用。

超级战舰

在日本吴市建造的大和号和武藏号战舰是日本史上建造过的最大的战舰，这两艘战舰在二战时期对日本海军起到了相当大的作用。1944年10月24日，武藏号在去往莱特岛海滩的路上受到了美国空军的袭击，在锡布延海战中受到17枚炸弹和19枚鱼雷的攻击被击沉，2399名船员当中有1023人丧生。大和号最后一次起航是在1945年4月。作为"天号作战"计划里的一部分，这艘战舰被派遣去攻击美国的舰队。这艘战舰被炸毁之前，受到了约20枚炸弹和鱼雷的攻击，最后沉到了海底。很不幸的是，在船上的2700名船员中，2498人在这次灾难中丧生。

罗纳德·里根号航空母舰

里根号航空母舰是美国尼米兹级航空母舰的九号舰，也是美国少数几艘军舰中以当时在世的人命名的其中一艘。这是一艘核动力型军舰，能够容纳6000名海军，装载80多台军用飞机。该机装备的两个核反应堆发动机，可以让里根号连续运行20年无须添加燃料。

美国罗纳德·里根航空母舰有1090英尺长，如果竖立起来，高度相当于帝国大厦。舰上有足够的粮食补给，按每天供应18150份餐点来计算，船上储备的食物够吃上3个月。

玛丽皇后二号

玛丽皇后二号是卡纳德邮轮公司现时的旗舰，也是英国的一艘著名游轮。在其众多的设施当中，让这艘海上最大的远洋客轮最引以为豪的是：它拥有着海上最大的舞台、海上的第一座天文馆、一个奢华的3D影院、一所剧院、一家赌场、五个游泳池，以及15个餐厅和酒吧。玛丽皇后二号有345米长，相当于四个足球场那么长，23层楼那么高。

玛丽皇后二号是卡纳德邮轮
公司的旗舰号。

2015年，也就是武藏号被击沉的70年后，研究人员在菲律宾锡布延海底部发现了一块无规则的武藏号碎片残骸，也为这艘失踪战舰八年以来的搜寻工作画上了一个圆满的句号。

知识小百科

长度：345米
重量：76000吨（净船重量）
建造时间：2002年7月4日
下水时间：2003年9月25日
处女航：2004年1月12日由英国南安普敦航行至美国佛罗里达州劳德代尔堡

蒙特号油轮

海上巨人号油轮是史上建造过的最大的船，同时也是一艘超级大型油轮。

先后易名为：快乐巨人号、亚勒维京号、科诺克·纳维斯号、追滨号，最后更名为：蒙特号。在伊朗卡克战争时期被击沉，但随后就被打捞和修复，并且重新投入了使用。

后来，这艘船被改装成海上浮式原油储卸系统（FSO），停泊在波斯湾卡塔尔的夏新油田。2009年12月，在它前往目的地拆船厂的最后一程时易名为MONT（蒙特号）。最后，该船被出售给印度的拆船业，通过印度海关之后，此船最终在印度古吉拉特邦亚兰市拆解。

蒙特号在解体之前，是世上所建造过的最长的轮船。

甘号列车

甘号列车毫无疑问是世界上最长的客运列车，它的姊妹车——澳大利亚印度太平洋号列车为世界第二长，达到了774米。甘号列车由两个火车头和44节车厢构成，它的总长度有12个足球场连起来那么长。它的平均行驶速度为85千米/时，最高时速能达到115千米/时。

必和必拓矿业公司在2001年创下一个新的世界纪录——拥有世界上最长最重的货运列车。

必和必拓货运列车

2001年6月21日，必和必拓矿业公司创新了新的世界纪录：这辆世界上最长也是最重的货运列车从炎帝矿一直开到了澳大利亚西部皮尔布拉地区的黑德兰港。这辆装载了82000多吨铁矿石，车身长达7.3千米的超级列车，由682节货厢组成，这些货厢由8个AC6000CW柴油机车头牵引。这辆列车的总重量达到了惊人的99734吨。在这之前，必和必拓矿业公司已经因拥有一辆世界上最重的列车，这辆列车由10个火车头540节车厢构成，总重达到了72191吨，在1996年5月28日创下历史纪录。

25台"大男孩"蒸汽机车，
只有8台被保留了下来。

知识小百科

经营权：美国联合太平洋铁路公司
建造公司：美国机车公司
长度：40.5米（133英尺）
重量：540吨
最高时速：130千米/时

"大男孩"蒸汽机车

美国纽约斯克内克塔迪的美国机车公司在1941~1944年间，共制造了25台大男孩机车供联合太平洋铁路公司使用。这些惊世骇俗的列车也成了美国历史上的传奇。这些巨大的蒸汽机车能够在美国西部的崎岖地带行驶。当年所生产的25辆大男孩蒸汽机车中，现存世的只剩下8辆，其中的7辆用作静态展示，还剩下一台被复原至燃油运行状态用来跑旅游线路。

西伯利亚大铁路

西伯利亚大铁路是世界上最长的铁路轨道，拥有跨越两个大洲、七个时区的世界纪录。这条铁路全长达到9289米，在1916年时还从莫斯科连接至海参崴，至今仍在不断延长中。在沙皇亚历山大三世和他的儿子沙皇尼古拉斯二世亲自任命的政府大臣的监督下，铁路的建造工作于1891年正式开始。

西伯利亚大铁路是世界上最长的铁路线，穿过80多座城市、小镇和16条大河。

了解更多的巨型奇观

泰姬陵

泰姬陵是世界上知名度最高的建筑物之一，也可以说是世界上最优美的建筑之一。

这座巨大的白色大理石陵墓位于亚穆纳河南岸，印度的阿格拉城内。该建筑于1632~1653年由莫卧儿皇帝沙贾汗下令修建。沙贾汗的妻子穆塔兹马哈尔是波斯公主，在生产他们的第14个孩子时死于难产。因此沙贾汗皇帝为了纪念他最深爱的妻子就修建了这座泰姬陵。泰姬陵最引人注目的就是位于马哈尔陵上方的大理石圆顶，这座大理石圆顶高达35米，上面还配有莲花的图案。

38

知识小百科

位置：印度北方邦28200的阿格拉城内
高度：73米
建造年份：1632~1648年
建筑师：乌司塔得·艾哈迈德·拉合里和乌司塔得·伊萨

泰姬陵在波斯语中为："官殿之冠"。
2007年，泰姬陵被评为的七大奇迹之一。

伦敦眼

高达135米的伦敦眼，是世界上最大的悬臂式观景摩天轮。和千禧穹顶一样，这座摩天轮也是千禧年工程项目的一部分，但人们对伦敦眼的热情度要远远高于那座命运多舛的千禧穹顶（后来受困于经济因素）。最初，伦敦眼只是作为一个临时建筑，原定获准运作5年，之后会被拆卸并运往一个新地方。但由于这座伦敦眼深受广大游客的青睐，因此，伦敦眼从一个"临时建筑"的身份变成了伦敦天际线的一座永久性的建筑——这所现代城市的一座标志性建筑。

知识小百科

位置：英国伦敦的朗伯斯区
设计师：大卫·马克和朱莉亚·巴菲尔
高度：135米
正式建成：1999年12月31日
正式对公众开放：2000年3月
转速：0.96千米/时

和千禧穹顶一样，这座伦敦眼也是千禧年工程项目的一部分。

六旗魔术山的"美杜莎号"过山车，是世界上唯一的一座海蛇型过山车。

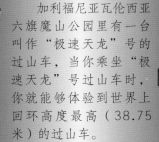

加利福尼亚瓦伦西亚六旗魔山公园里有一台叫作"极速天龙"号的过山车，当你乘坐"极速天龙"号过山车时，你就能够体验到世界上回环高度最高（38.75米）的过山车。

整个刺激的过程你足足可以体验1分30秒！

六旗魔术山

六旗魔术山是一座占地面积为262英亩的主题公园，位于美国加利福尼亚州洛杉矶县北部圣克拉丽塔的瓦伦西亚附近。六旗魔术山主题公园拥有19个过山车，是世界上拥有过山车最多的游乐场，至今还保持这一世界纪录。

知识小百科

位置：美国加利福尼亚州的瓦伦西亚
第一辆过山车：1971年建造的黄金猛冲者号过山车
游览人数：2015年达到了3010400人
最快的过山车：京达卡过山车（也是世界第二快的过山车）

史密森尼博物馆

史密森尼博物馆是世界上最大的博物馆和研究机构。

史密森尼博物馆位于美国华盛顿特区，是世界上最大的博物馆体系。它下属拥有六座博物馆、一个国家动物园、7所研究中心，此外，它所属的博物馆中保管着一亿四千多万件艺术珍品。这所博物馆是按照英国科学家詹姆斯·史密森的遗嘱在1846年的时候建立的。史密森在他的遗嘱上写道："如果侄子去世时无子嗣，这笔遗产将捐给美利坚合众国，用于增进和传播人类的知识。"

1835年，他的侄子过世了，死时无子嗣。后来美国政府按照他叔叔的遗愿建立了史密森尼博物馆群。

超过100家航空公司，每天营运几百班航班，从香港国际机场飞往全球的180多个城市。

香港国际机场

香港国际机场是世界上最繁忙的货运枢纽，也是最繁忙的机场之一，同时，香港国际机场的航站楼还是世界上最大的航站楼之一（1998年启用的时候）。香港国际机场位于赤鱲角的一座岛上，这个岛上大部分都是陆地，经改造后，专门用来建造机场。2015年，香港国际机场的客运量达到了6850万人，就客运量而言，香港国际机场排在世界上最繁忙机场的第八位。

知识小百科

启用时间：1998年7月
航站楼长度：1.3千米
跑道长度：3800米

美国州际公路

在二战时期，德怀特·戴维·艾森豪威尔受美国高速公路网启发，为联邦救助公路法案而做着努力，该法案在1956年通过。该法案为41000英里的美国初期州际公路系统的开发与建设打下了基础。目前美国州际高速公路已长达46876英里，覆盖全国的五十个大州。

知识小百科

州际公路的筹资和建造工作花费了17年时间。在1939年，该法案在会议上第一次提出，但直到1956年的时候，建设公路所用的资金才最终得以发放。

每个州都有各自部门对本州道路负责维护和执法。

红白蓝底盾形用来标出州际公路的编号，这些编号由美国国家公路与运输官员协会编排。

图片版权方：Ingram Image

1938年1月8日在德国高速公路创下的最快行车记录从来都没有被打破过。一位叫做"鲁道夫·卡拉乔拉"的F1赛车手驾驶着搭载V-12引擎的梅赛德斯奔驰W125以268.9英里/时的速度创下了这一世界纪录。在这一天，他的对手，贝恩德·罗泽迈尔为创造新纪录而死于车祸。

知识小百科

总长度：超过12000千米
第一条高速公路通车时间：1935年
行车道宽度：3.75米
建议限速：130千米/时

德国的高速公路

　　在20世纪20年代的时候，德国萌生了想要建造全国高速公路的想法，但是直到希特勒在1933年掌权以后，高速公路的建设工作才得以全面的实施。1936年，希特勒命令13万劳工建成了从法兰克福通往达姆施塔特的世界上第一条高速公路。从法兰克福延伸至达姆施塔特市的公路于1935年通车，是最初通车的路段。今天，德国的高速公路网总长度约为12949千米，成为世界上最长、最密集的道路系统之一。在中国、美国和西班牙还可以看到更长的公路系统，它们分别是111950千米（中国），77017千米（美国），16583千米（西班牙）。

苏伊士运河

　　1869年11月17日，连接红海与地中海的苏伊士运河正式通航，当日还举行了苏伊士运河的落成盛典。这条运河从设计到建成超过15年的时间。运河的建造工作也因政治争端、劳动力短缺和致命的霍乱爆发等因素而屡屡受阻。这一条101英里长的水道被改为一条国际航道，使得往来通过的船只绕过了非洲最南端危险而又漫长的航道，缩短了约7000千米的航程。

　　这条运河从塞得港的最北端一直延伸到苏伊士市陶菲克港的最南端，含南北通道在内，全长193.3千米。

现代苏伊士运河是近些年来几条人工运河当中唯一一条能够一次性蜿蜒穿过埃及的运河。埃及法老辛努塞尔特三世可能在公元前1850年左右的时候建造了一条连接红海和尼罗河的早期运河。

未来的巨型建筑

设计i360的灵感来源于伦敦眼的著名设计师大卫·马克和他的妻子茉莉亚·巴菲尔德，以及他们的建筑师团队。

未来的巨型建筑

随着科技不断进步，我们周围的风景也在不断变化。也就是说，我们现在能够建造出更多的宏伟建筑，并且建造速度更快，安全系数更高。

世界纪录不断被刷新，昨日的世界奇观建筑不断被今日的巨型建筑从榜首的位置挤下来。

英国航空i360观光塔

就像题目所展示的一样，英国在布莱顿为庆祝建成世界上最细的高塔举行了开幕仪式。高达161米的英国航空i360观光塔能够把游客们送至137米高的一个全封闭的玻璃观察仓里，游客们能够欣赏到从东萨塞克斯的贝克斯希尔，再到西萨塞克斯的奇切斯特的美景，同时也能够看到从南唐斯到北唐斯的景色。

知识小百科

位置：英国，布兰顿
高度：161米
开工时间：2014年
竣工时间：2016年夏天

什么样的世界巨型建筑工程会在未来被保留下来？

吉达塔

世界第一大高楼的迪拜哈利法塔，将会被计划在2020年完成的沙特阿拉伯吉达塔抢去世界第一大高楼的头衔。这座在建中的新塔将会成为首座高度达到1千米的塔。

据悉，吉达塔将建造200层，是一座集200间客房的四季酒店、121套酒店式公寓、260套住宅公寓和办公楼于一体的最高的世界级瞭望塔。

知识小百科

名称：吉达塔/王国塔/一英里高塔
施工状态：建设中
位置：沙特阿拉伯吉达
占地面积：245000平方米
开工时间：2013年4月
预计完成时间：2020年

伦敦桥

与此同时，伦敦方面也发布了新的桥梁修建计划，他们打算沿泰晤士河修建不少于13座的新桥和隧道。人们认为，这些新的建筑不仅能够改善大家在伦敦日常出行，也能够促进一些区域的发展，从而提供更多的就业机会和居所。

图片版权方：Ingram Image

公路立体快巴

中国目前正在寻求一种独具创意的方式来彻底缓解日常的交通出行压力。随着世界上第一台公路立体快巴的发明，人们不用把时间浪费在交通拥堵上，从而彻底和交通拥堵说拜拜。这座拥有21米长和7米宽的巴士，其外观看起来就像一座机动的桥梁，每一辆快速高架公车都能一次性搭载上百名乘客。四辆这样的公车可以连接在一起，能够代替40辆的传统公车。

将来的这些立体快巴都是电动型的，时速可达到60千米/时。这些巴士上层空间负责运输乘客，下层距离公路地面有2米高，这样做的目的是为了使立体快巴下面的两条车道都可以通车，互不干扰。

这些快巴什么时候会在中国投入使用，目前还不清楚。但毫无疑问，倘若这些立体快巴最终投入大量生产的话，一定会为缓解各国大城市的交通拥堵问题带来很大帮助。

一辆快速高架公车能够代替10辆传统型公车。

图片版权方：Ingram Image

43

FEIFAN DE

JIANZHU HE JIAOTONG GONGJU

非凡的建筑和交通工具 知识点

- **陡峭**：山势高而陡峻。

- **石灰岩**：由河流带来的钙质和贝壳、珊瑚等在海底沉积而成。多用于建筑、工业。

- **竣工**：工程完工。

- **屹立不倒**：像山峰一样高耸挺立，比喻意志坚定，不可动摇。

- **取悦**：取得别人的喜欢，讨好。

- **赫赫有名**：形容声名非常显赫。

- **矗立**：高大而笔直地挺立、高耸。

- **混凝土**：将砂、石与水按一定比例配合，经搅拌而得的水泥混凝土，被广泛应用于建筑

  结构中。

- **摩天大楼**：现在通常指超过四十层或五十层的高楼大厦。

- **避雷针**：又名防雷针，是用来保护建筑物、高大树木等避免雷击的装置。

- **潮汐**：沿海地区的一种自然现象，指海面垂直方向的涨落。

- **缆绳**：具备抗拉、抗冲击、耐磨损、柔韧轻软等性能，用于系结船舶的绳索。

- **萧条**：指寂寥冷清的样子，经济不景气。

- **蓄洪**：在汛期将洪水存起来，供使用。

- **半信半疑**：有点相信，又有点怀疑，表示对真假是非不能肯定。

- **霍乱**：因摄入的食物或水受到霍乱弧菌污染而引起的一种急性腹泻性传染病。

- **瞭望**：指登高远望。

- **翼展**：飞行器的机翼翼尖左右之间的距离。

- **命运多舛**：一生坎坷，屡受挫折。

- **航站楼**：机场内的一个设施，提供飞机乘客转换陆上交通与空中交通的设施，方便他们上下飞机。

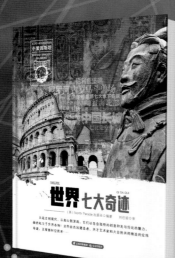

集知识性与趣味性于一体，兼具科学的严谨性和生活的多样性！唤醒孩子们对科学的兴趣，激发他们探求科学知识的热情！本书特别适合父母与 3 ～ 6 岁的孩子亲子阅读或 7 ～ 12 岁的孩子自主阅读。

奇妙的人体

非凡的建筑和交通工具

动物宝宝

农场动物

猫科动物

图书在版编目（CIP）数据

非凡的建筑和交通工具/英国North Parade出版社编著；李雪薇，张硕译. —昆明：
晨光出版社，2019.6
　（小爱因斯坦神奇星球大百科）
　ISBN 978-7-5414-9310-2

　Ⅰ．①非⋯　Ⅱ．①英⋯　②李⋯　③张⋯　Ⅲ．①建筑学
—少儿读物②交通工具—少儿读物　Ⅳ．①TU-49②U-49

　中国版本图书馆CIP数据核字(2017)第322575号

著作权合同登记号　图字：23-2017-115 号

FEIFAN DE

JIANZHU HE JIAOTONG GONGJU

非凡的 建筑和交通工具

（英）North Parade 出版社◎编著

李雪薇　张　硕◎译

出 版 人	吉 彤
策　　划	吉 彤　程舟行
责任编辑	贾 凌　李 政
装帧设计	唐 剑
责任校对	杨小彤
责任印制	廖颖坤
出版发行	云南出版集团　晨光出版社
地　　址	昆明市环城西路609号新闻出版大楼
发行电话	0871-64186745（发行部）
	0871-64178927（互联网营销部）
法律顾问	云南上首律师事务所　杜晓秋
排　　版	云南安书文化传播有限公司
印　　装	深圳市雅佳图印刷有限公司
开　　本	210mm×285mm　16开
字　　数	60千
印　　张	3
版　　次	2019年6月第1版
印　　次	2019年6月第1次印刷
书　　号	ISBN 978-7-5414-9310-2
定　　价	39.80元

凡出现印装质量问题请与承印厂联系调换